我的小小农场 ● 20

画说猕猴桃

我的小小农场 20

画说猕猴桃

【日】末泽克彦　福田哲生●编文　　【日】星野 IKUMI ●绘画

猕猴桃是有着茶色绒毛、可爱外形、鲜艳绿色果肉或
美丽黄色、红色果肉的水果。
许多人觉得猕猴桃是一种来自新西兰的新奇水果，
但实际上，它原产于中国的深山之中，
自古以来就作为水果食用。
让藤蔓爬满棚架，自己尝试种植猕猴桃吧。
甜甜的，还含有丰富的维生素 C，非常可口！

中国农业出版社
北　京

1 奇异果的原名是猕猴桃

人们通常把猕猴桃又称为“奇异果”(Kiwi)，其来源于猕猴桃众多名称之一的 kiwi fruit。在英语中猕猴桃被称为“chinese gooseberry”，“chinese”意为中国。猕猴桃是原产于中国的水果。在中国，人们在 2600 万 ~2000 万年前的地层中发现了猕猴桃祖先的树叶化石。猕猴桃自古以来就与人类有非常紧密的关系。比如说，远在周朝（约为日本的绳文时代至弥生时代）的古书《诗经》中，就已经有了关于猕猴桃的记载。中国唐代以后的很多书籍中也有相关记载。这一时期的猕猴桃被视为具有药用、食用价值的水果，甚至还曾被作为造纸的原材料，不过，那时人们食用的应当是野生猕猴桃。

像猴子的桃子
猴子喜欢的桃子

在唐代（公元 7~10 世纪）前后的中国，奇异果(kiwifruit)被称为猕猴桃。另外，它似乎还使用过杨桃、羊桃、阳桃、毛桃等名称。猕猴桃意为像猴子的桃子。另外，猕猴桃好像还曾经被称作“猕猴梨”（像猴子的梨）。其多毛且呈茶色的果实，简直和蹲下来的猴子一模一样。顺便说一下，中文的“猕猴”是指“赤毛猿”。在北宋时代的古籍中曾有记载，猕猴桃常见于山中，果实具有解热作用。果实于 10 月份成熟，果肉为淡绿色。未成熟时味酸，多籽，枝条纤细、柔软。树高为 6~9 米，攀附于其他树木上生长。果实遍布于山路之间，而深山中的果实则为猿所食。明代的中医古籍《本草纲目》中除了记载猕猴桃的中医药效外，还描绘道：“其形如梨，其色如桃，而猕猴喜食，故有诸名”。因此可以这么说，猕猴桃是一种像猴子的桃子，也是猴子喜欢吃的桃子。

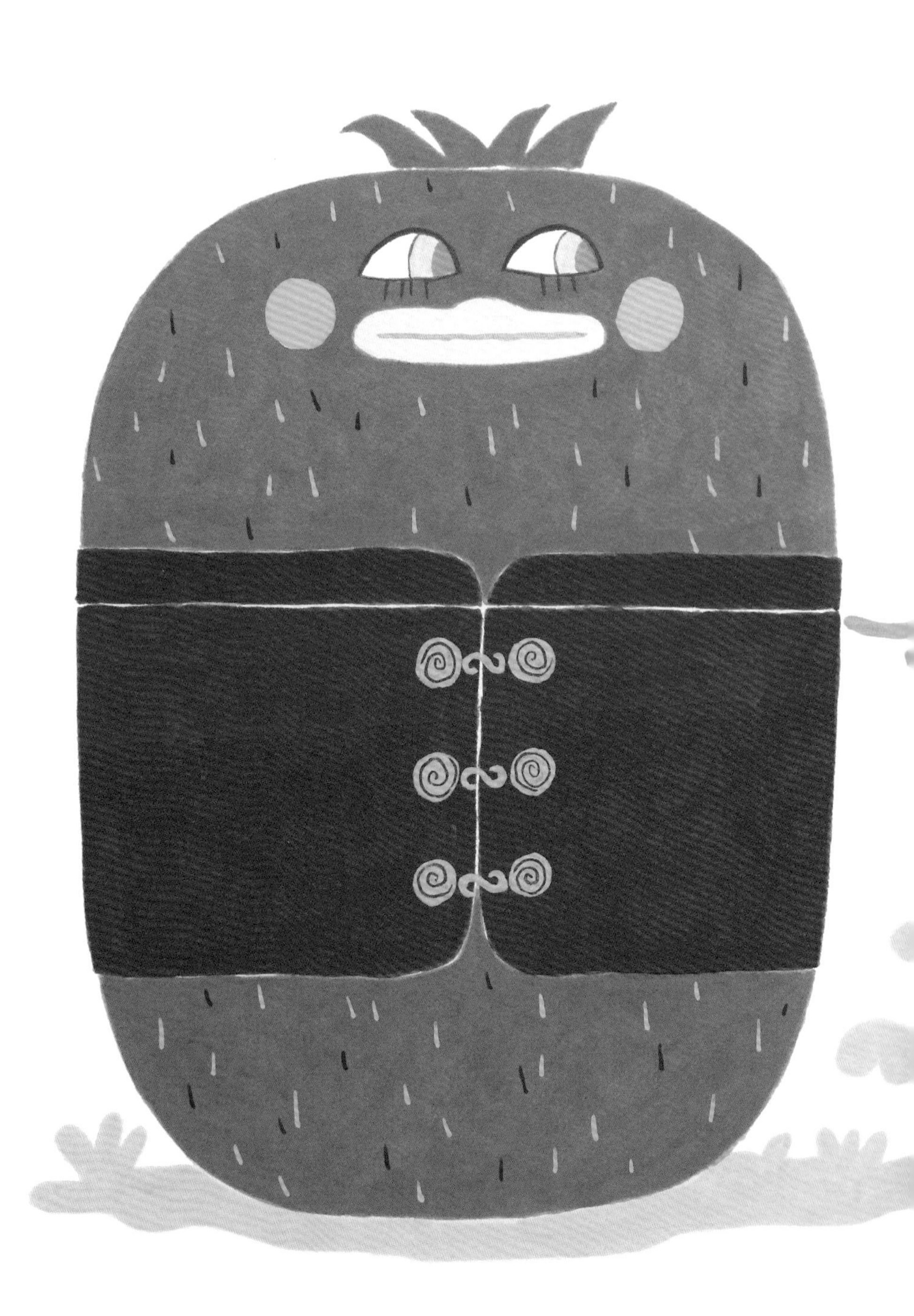

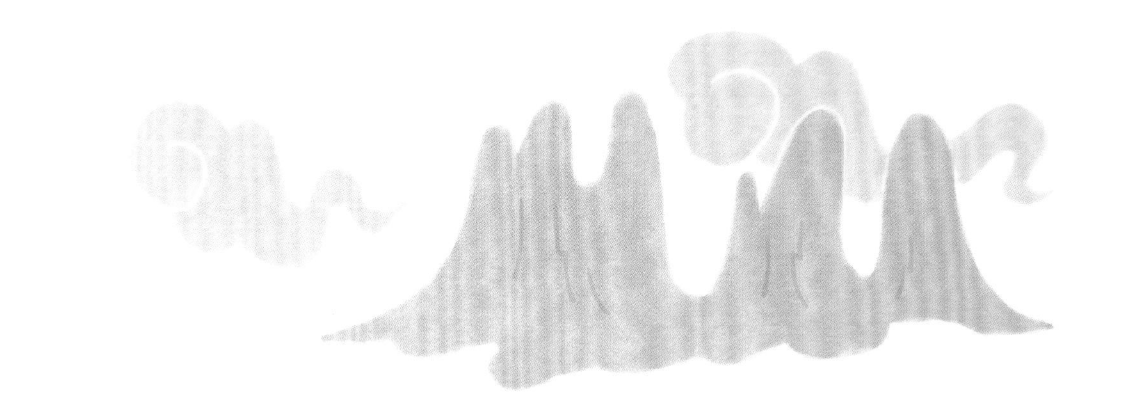

学名为呈放射状的美味果实

绿色果肉的猕猴桃学名是美味猕猴桃（*Actinidia deliciosa*），黄色果肉的金黄猕猴桃学名是中华猕猴桃（*Actinidia Chinensis*）。学名的前半部分代表的是属名，Actinidia是拉丁文中“放射状”与“形状”这两个词结合而成的复合词。由于猕猴桃花的柱头像自行车的轮辐一样呈放射状向外扩展，故而得名。学名的后半部分代表的是种名。被称为Chinensis是因为猕猴桃原产于中国(China)。那么，deliciosa代表什么呢？在英语中，“delicious”是“美味”之意，或许因为这种水果比较可口，所以冠以此名。

猕猴桃的小伙伴们

从植物学分类上来看，猕猴桃属于木天蓼科木天蓼属。这一种属的植物以东亚的温带地区为中心，广泛分布于北至萨哈林、南至柬埔寨的广大地区。日本比较常见的猕猴桃之外的木天蓼属植物，还包括日本东北和北海道常见的软枣猕猴桃、木天蓼，四国和九州等温暖地带常见的山梨猕猴桃等。最近，在百货商场和大型超市的柜台上，常可以看到一种名为“迷你猕猴桃”的，这种绿色的、小小的猕猴桃就是软枣猕猴桃。在北海道和东北地区，自古以来它还被称为库库瓦（Kokuwa）、“白口葛”等。人们会采摘山中的果实食用，或是将其藤蔓作为修建藤桥的材料。

2 猕猴桃这种神奇的水果，是保留着野生血脉的作物

有记录显示，在公元前 4000~ 公元前 3000 年，古埃及就实现了葡萄栽培，历史悠久。而苹果据说自亚当、夏娃的传说中就已存在，埃及在公元前 1300 年左右就有栽培。但是，在猕猴桃的原产地中国，人们却一直在食用野生猕猴桃，并没有开展正式的人工栽培。直到 1934 年，新西兰的吉姆·麦克劳林（Jim McLaughlin）率先栽培了 7 英亩（大约 2.8 公顷）猕猴桃田，这是世界上最早正式栽种猕猴桃的田地。可以说，在全世界各类主流水果中，这个时期才开始正式种植的猕猴桃是最晚实现人工栽培的水果。

从中国到新西兰、再到全世界

1904 年，一个名为伊莎贝尔·弗雷泽（Isabelle Frazer）的人把猕猴桃的种子从中国带回祖国，交给了自己认识的一位园艺师。这个种子就是现在全世界猕猴桃的直系祖先。猕猴桃作为一种植物，其原产地是中国，但最先将其付诸广泛商品化种植的却是新西兰。在新西兰，伊莎贝尔带回去的种子被培育成很多树苗。1924 年，奥克兰的园艺师海沃德·莱特（Hayward Light）培育出了个头大且耐储存的植株。这一品种使用了他的名字，被命名为“海沃德”。新西兰分别于 1934 年向英国、1952 年向美国出口猕猴桃，商业上的成功使其种植面积迅速扩大。新西兰的成功出口也带动了北半球猕猴桃的种植面积迅速扩大，而其原产地中国也开始种植。于是，全世界猕猴桃种植面积从 1970 年的 400 公顷，逐渐扩大到了2007年的76648公顷。仅仅数十年的时间，种植面积就能扩大这么多的果树也就只有猕猴桃了。所以说，猕猴桃还真是一种神奇的水果。

名称的由来

新西兰刚开始种植猕猴桃时，使用的是中国常用的“杨桃”这一名称。其后，猕猴桃的名称变成了“chinese gooseberry”。1959 年，新西兰的出口商在将猕猴桃出口到美国时，据说是为了表现其类似于甜瓜、树莓等浆果混合的口感，所以取了“美龙瓜”（mellonette）这个名字。但是，美国的进口商希望能够起一个更为简单易懂的名字，所以，最终使用了新西兰人钟爱的单词“Kiwi”作为猕猴桃的名称。“Kiwi”一词的由来，有种说法称因为猕猴桃长得像新西兰的国鸟鹬鸵（奇异鸟），但实际上好像并非如此。在新西兰，鹬鸵代表能够帮忙做家务和育儿的好爸爸。不过，猕猴桃还真是让新西兰引以为傲的水果。

野生与有机

中国在很长时间里都是采摘山里野生的猕猴桃加以利用。世界上主要猕猴桃品种“海沃德”的母株也是野生植株。同样，中国的许多优良品种都选自野生植株。就像水稻等农作物，如果没有人类的保护，恐怕已无法留下种子繁衍子孙，因此，这类植物已经不能再被称为野生植物了。不过，直到现在，猕猴桃基本上还可以被称为野生植物。比如，在猕猴桃种植较多的山里，通过鸟类传播的猕猴桃种子也可以自然发芽、生长。猕猴桃经过长期的进化后，特别适应高温多湿的亚洲季风性气候，属于比较能耐受病虫害的水果。因其适应性强而且耐雨水、耐虫害，这也就使它无需使用太多的农药预防病虫害。正因为猕猴桃的种植可以完全不使用农药又不费工夫，在家庭中种植起来也非常容易。

3 长在森林中的木天蓼科藤蔓植物

野生猕猴桃是攀附在其他树木上生长的。一般植物的树干会支撑自己的身体，同时还可以起到让树叶尽可能多地接受阳光、给树叶输送养分和水分的作用。但是，猕猴桃在进化的过程中，放弃了用自己的树干支撑身体的方法，而是选择缠绕在更高的树木上伸展枝叶并获取阳光。它将长出粗壮树干所需的能源节约出来，用于延伸自己的枝条。另外，缠绕在大树上还可以获得大树叶片的遮阴，相对来说更加耐晒。不过，因其故乡相对来说属于比较潮湿的地区，所以猕猴桃非常不耐旱。

有雌有雄

猕猴桃分雄株和雌株。黄瓜等植物的一棵植株上既有雄花也有雌花，但是猕猴桃的雄株上只有雄花，雌株上只有雌花。雄花的花粉被授粉到雌花的花蕊上后，花蕊根部的子房就会孕育出果实。在猕猴桃的主要品种中，“海沃德”和“Rainbow red”等是“女孩”，是用于受粉的品种，而“马图阿”（Matua）和“孙悟空”是“男孩”。播种的话，要一半为雄，一半为雌。

花长在哪里?

猕猴桃的花开在新枝条第 3~5 圪节左右的地方。1 个圪节的中间会开 1 朵大花，旁边开 1~2 朵侧花，共计 2~3 朵花。开花的圪节为从枝条基部起最多 7 节左右（圪节意为植物茎上分枝长叶的地方）。

根部的特征和排水性

猕猴桃根部柔软、脆弱，在排水性不好的土壤中很快就会腐烂。特别是在积水中完全不能生长，只要数日就会腐烂。在排水性能不好的田地里，如果因为梅雨季等连续阴雨天气导致田地积水，猕猴桃的根部就会逐渐腐烂，梅雨季节过后叶片就会枯黄或凋落。

4 漂亮的绿色果肉中含有丰富的维生素 C

所谓人不可貌相，看起来其貌不扬的、毛茸茸的猕猴桃，内部却包裹着非常漂亮的、富含营养物质的果肉。猕猴桃中含维生素、矿物质、膳食纤维等营养成分，均衡且丰富，是一种营养全面的水果。特别是维生素 C 的含量，在水果中可以说名列前茅。每天只需食用一个猕猴桃，就能基本满足人体每日所需的维生素 C 了。好吃又健康，猕猴桃还真是一种非常优秀的水果啊。

漂亮的绿色果肉

虽然猕猴桃表面上看起来毛茸茸的，但如果横着切开，你会发现它的横切面非常漂亮，有着如翡翠般碧绿的果肉和呈放射状扩展开来的种子。因为果肉呈绿色的水果非常罕见，所以它还经常被点缀在蛋糕等西点上作为装饰。猕猴桃的果肉之所以呈绿色，是因为富含一种名为叶绿素的色素成分。近年来，人们还培育出了果肉为黄色或红色的猕猴桃，黄色的果肉富含类胡萝卜素、红色的果肉则富含花青素。

维生素 C 的含量名列前茅

富含维生素 C 的水果有哪些？大家首先想到的是不是柠檬？实际上，猕猴桃中维生素 C 的含量也非常高，它的维生素 C 含量仅次于针叶樱桃、番石榴、柠檬和甜柿，和草莓基本相同，是温叶蜜柑的 2 倍左右。每天食用一个猕猴桃，就能基本满足人类每日所需的维生素 C。从品种上来看，黄色果肉猕猴桃中维生素 C 的含量要高于绿色果肉的猕猴桃。维生素 C 可是有着消除疲劳、预防贫血、缓解感冒症状以及美容等多种功效呢。

有利于**健康**的成分

猕猴桃富含维生素 E。维生素 E 也被称为“返老还童维生素”，具有防止细胞老化、预防癌症、促进血液循环的功效。如果维生素 C 和维生素 E 协同作用，还可以起到抗氧化、清除体内自由基的作用。另外，猕猴桃还富含一种名为果胶的膳食纤维，对动脉硬化和便秘有改善作用。

蛋白酶

猕猴桃中含有丰富的猕猴桃碱，这是一种蛋白酶，可以溶解肉类等蛋白质。类似的蛋白酶还有菠萝中的菠萝蛋白酶、无花果中的无花果蛋白酶，以及未成熟的木瓜中的木瓜蛋白酶，等等。猕猴桃碱具有软化肉类、促进消化的作用，所以，如果将猕猴桃与肉类同食可以促进消化、预防积食。但是，由于其蛋白酶的效力较强，我们在处理猕猴桃时指纹会暂时消失，另外，加入了猕猴桃的明胶果冻也是难以凝固的。

5 容易栽种的品种、有趣的品种，千姿百态的猕猴桃

根据果肉颜色的不同，猕猴桃的品种主要可以分为两类：一类是原产于中国西南部长江上游地区的绿色果肉的猕猴桃；另一种是原产于中国东南部的黄色果肉的猕猴桃。从全世界来看，到上世纪 90 年代为止，“海沃德”等绿心猕猴桃品种仍然占据着大部分市场。但是，进入 21 世纪以后，一种名为佳沛“阳光金果”（Zespri GOLD）的黄心猕猴桃数量增加，占据了整个市场 40% 的份额，涨势明显。另外，近年来，一种名为“Rainbow red”的红心猕猴桃也开始崭露头角。猕猴桃的种植历史尚短，所以今后还会有更多的品种被开发出来。

海沃德

是猕猴桃的世界标准品种，个大、耐储存、易栽培。在生产和流通方面最为稳定。

布鲁诺（Bruno）

体形细长，呈长圆柱形。单果重约 100 克，比外观看起来要轻。果肉为绿色，鲜艳、美丽。

赞绿

以香绿和雄性黄色系猕猴桃杂交育成。优雅的甜味和酸味实现了完美的平衡，是极为可口的品种。果实呈炮弹形，非常有特点。表皮上的绒毛较少。

园艺 16 A

佳沛因“阳光金果”之名而备受喜爱。这是一种面向喜甜的人开发的非常甜美的黄心猕猴桃。大部分从新西兰进口，日本爱媛县和佐贺县也开展了一些委托种植。

香绿

使用自然发芽的海沃德的种子培育出来的品种。呈圆柱形，甘甜多汁。果肉深绿，口感浓郁。糖度达 16% 以上的果实名为“Sweet 16”，已成为一个品牌。

雌花

雄花

绿心猕猴桃和黄心猕猴桃除了果肉颜色不同之外，还有着诸多不同呢。详情可阅读卷末详解。

Rainbow red

小而甜的红心猕猴桃。汁多味美，糖度高达 20%。目前是日本国内最为早熟的猕猴桃品种，主要在 10 月份上市。

魁蜜

从中国江西省选育出来的品种。果实较大，味道较甜。肩部略向上隆起的外形很像苹果。

金赞岐

用阿普鲁系猕猴桃和雄性黄心猕猴桃杂交育成。在目前栽培的猕猴桃品种中是个头最大的，单果重量超过 250 克的果实也不少见。味美汁多，甜度高，果肉呈鲜艳、浓郁的黄色。

香粹

用一岁猿梨猕猴桃和雄性绿心猕猴桃马图阿杂交育成。单果重量为 30 克左右，外观小巧可爱。口感非常甜，软枣猕猴桃特有的涩味也比较淡，所以很受女性、儿童的欢迎。

软枣猕猴桃（猕猴桃的伙伴）

重量为 10 克左右的小巧果实，可以连皮食用。在超市等以“迷你猕猴桃”的名称销售。进口货很多，但日本国内的东北地区等地也有种植。维生素 C 的含量较普通猕猴桃还要高一些。

木天蓼（猕猴桃的伙伴）

果实顶部较尖，味辛，用于药用或制作果酒。成熟后果实呈橙色。其所含的木天蓼内成分可以让猫沉醉，所以自古以来就作为给猫治疗的灵丹妙药。

6 种一棵海沃德或香绿试试吧（栽培日历）

生长阶段

	1月	2月	3月	4月	5月	6月
生长阶段	休眠期	休眠期	发芽期	新枝抽生期	新枝抽生期；花期	新枝抽生期；花期

第 1 年

- 搭支架供枝条攀爬（1月）
- 种植树苗（1月）
- 将发芽的新枝中长得比较长的 1 枝牵引到支架上，其他剪掉（3月—4月）
- 为了培育树苗，即使是开了花也要将其掐掉（5月）
- 将伸长的枝条牵引到棚架上（6月）

第 2 年以后

- 修剪（1月）：气候温暖的地方，树枝出现得比较早，要早一点进行修剪
- 授粉（5月）：如果同时栽种了雄株，则依靠风和昆虫进行授粉
- 追肥（5月下旬）
- 疏果（6月）
- 长长的枝条要尽快牵引到棚架上（5月—6月）

来试着**播种**吧！

果实中的黑色颗粒就是猕猴桃的种子。一个果实中大约有 1000 颗种子呢。播种的最佳时期是 3~4 月。在那之前可以把果实存放在冰箱中。到了 3 月中旬，就可以把果实放在笊篱中，一边冲洗一边将果肉与种子彻底分离。种子上如果残留滑溜溜的果肉，就不容易发芽了。在带盖的玻璃瓶等容器的底部放一张浸湿的纸巾，将清洗后的种子放在纸巾上，然后把容器放在窗边等温暖的地方，2~3 周后就会发芽。将芽苗种在细软的园艺用土中。到了秋天就会长出高约 10 厘米的幼苗。把幼苗种在田地里，3~5 年就会长大并开花，但其中一半可能是不结果的雄株。即使是可以结果的雌株，果实也是有甜有酸，果肉有绿有黄、个头有大有小，所以要辨别清楚，选择又好吃又有趣的果实培育新品种。

要种植猕猴桃的话，可以选择海沃德或香绿等比较容易栽培的品种。结出果实的虽是雌株，但还需要雄株授粉。如果种植海沃德或香绿，雄株可以选择马图阿或陶木里（*Tomuri*）。猕猴桃的根部比较脆弱，不耐积水，所以应当种植在排水良好的场所。另外，其叶片较大，体内水分蒸发比较旺盛，所以不要忘记浇水。

7月	8月	9月	10月	11月	12月
				落叶期	休眠期
			收获期		
夏季要每天浇水▼ 注意不要一次浇水过多				基肥▼	
夏季要每天浇水▼ 注意不要一次浇水过多		秋季浇水要适量	收获！▼ 收获期因品种不同而不同，详情请查看卷末的详解	基肥▼	

7 使用花架挑战猕猴桃栽培！

猕猴桃是藤蔓类植物，因此，种植的时候需要用到棚架。专业的农户会搭建像葡萄田那样的架子，但是一般的家庭很难找到这么大的场地。我们可以使用园艺店销售的花架等材料搭建棚架，种植猕猴桃。在猕猴桃生长过程中，浇水很重要，所以，种植时要选择比较容易汲取自来水或井水的场所。需要注意的是棚架的大小。专业的农户为一棵树准备的空间甚至可以达到 10 坪（1 坪 =3.33 平方米）。但是猕猴桃如果下工夫修剪，植株也可以处理得很小，所以我们可以先准备 1 坪左右的场地试种一下看看。

耕地，加入基肥

在中国的大山中，猕猴桃是攀附在大树上生长的。这种地方的土壤中水分含量很高，落叶腐烂后会形成腐殖土，所以土壤比较松软。大家在种植猕猴桃的时候也要调配出相似的土壤环境。板结、干硬的土壤、全是砂石的土壤、黏土质的土壤都不行。我们可以在秋季挖一个直径 1 米左右、深 30 厘米左右的栽植穴，放入 30 升腐殖土和 500 克石灰，并和土壤充分混合，搅拌均匀。为了保持良好的排水，最好是做一个比较大的垄，将土壤堆高，然后将树苗种于其中。

育苗的方法

种植在冬季进行。因为栽植穴挖得比较浅，所以种植时要把周围的土堆高，但是不要让苗木的嫁接口埋入土中。另外，还要插上牵引用的竹竿或管子。将苗木的根部像章鱼爪一样四面展开，再覆盖土壤，这时要注意观察根部有没有受伤。如果根部变为褐色或有比较干燥的部分，就要用花木剪剪掉。另外，如果缠绕有嫁接用的胶带，一定要将其去除。否则，当树木长大时，树干就会被勒到，像人被掐住了脖子一样。在覆盖好土壤之后，为了避免浇水时水流到根部以外，要作一圈像火山口一样的土垄，再充分浇水。如果根与根之间出现了缝隙，导致土壤塌陷，就要重新填土。

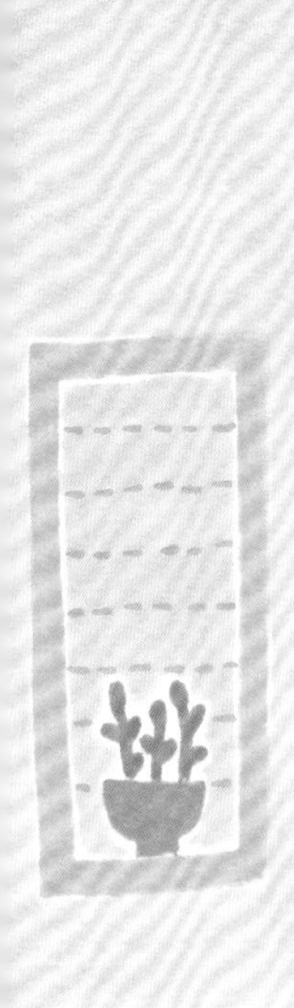

种植时的修剪

从苗木自下起 40~50 厘米的有饱满芽点处进行修剪。所谓饱满芽点是指芽点较大、较丰满的地方。修剪后将苗木绑在牵引用的竹竿或管子上就可以了。最后，我们可以再写一个标牌，使用颜色较深的铅笔在园艺用白色标牌上写上品种的名称。如果用记号笔书写，字迹会因为日照而消褪。标牌写好后挂在牵引竿上就可以了。

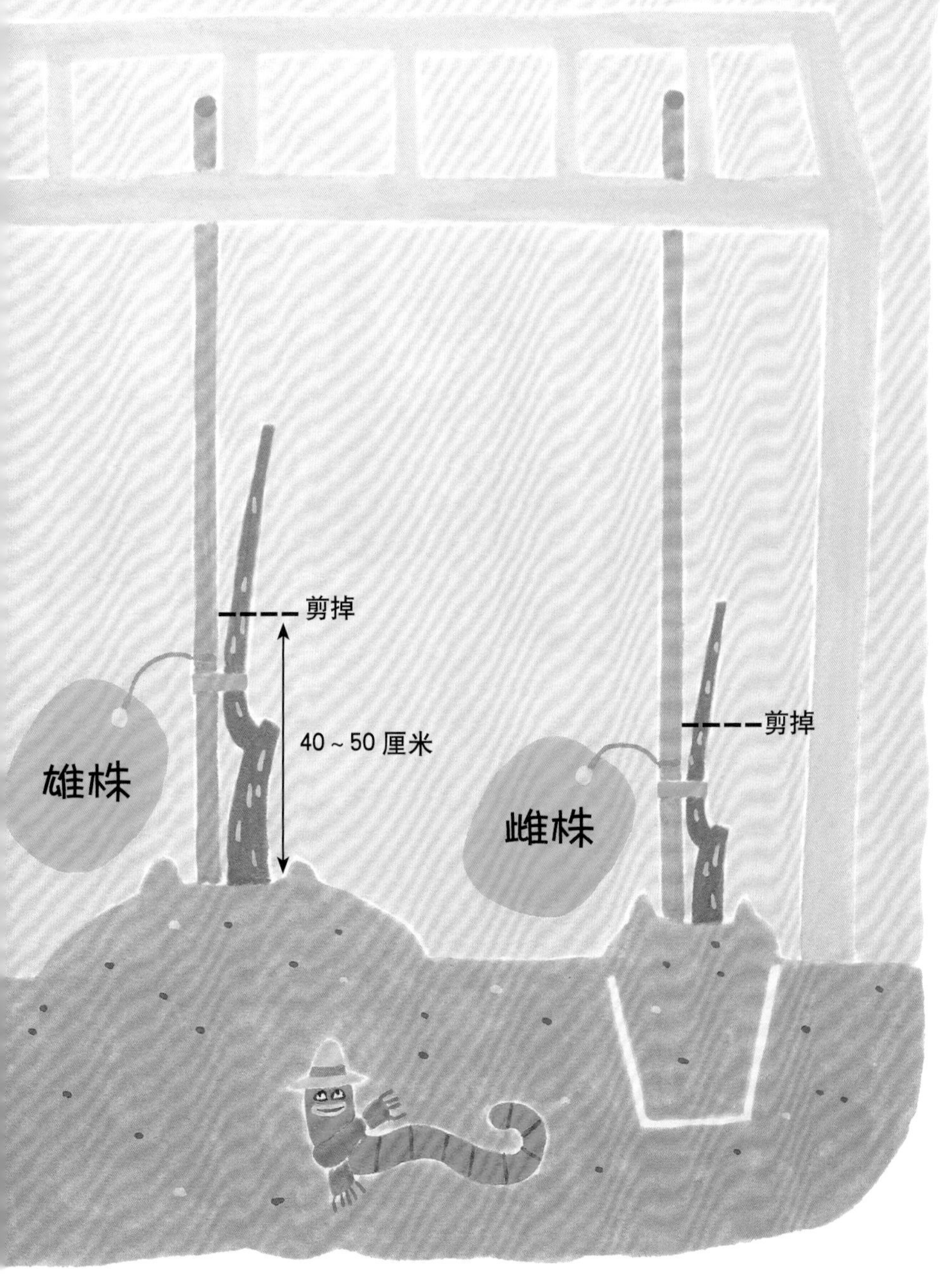

雄株很碍事？

仅仅有猕猴桃雌株是不会结果的，所以，一定要雌株和雄株配对种植才行。但是，雄株长势很猛，枝条会长得非常长。如果用同样方法种植，雄株可能会在不知不觉间长大并占领雌株的“地盘”。因此，为了避免雄株长得过大，可以将其种植在直径 30 厘米左右的瓦盆中，并在盆中装满土。重点是要在底部的排水孔上铺上一层粗网，以防止根部从底部的排水孔“跑”到外面去。这样的话，就可以在一定程度上抑制苗木的生长。但是，在生根之前，一定要注意充分浇水哦。

8 掐芽、摘心、牵引，帮助树木生根成长起来!

冬季种下的苗木会在 4 月份开始发芽。对于发出的新芽，我们不要让它们全部长成枝条，最终只选择一根枝条向上伸展，并让其在棚架下面分成两根枝条就可以了。因此，当发了芽的枝条长到 5~10 厘米时，可以选择位于上部的、长势较好的 3 根新梢（新长出来的枝条）保留下来，并把其他新芽修剪掉。保留下来的新梢长到 15 厘米左右时，将 3 根中最长的一根牵引至支柱上，其他 2 根则剪掉顶梢，留下 10 厘米左右的枝条。这 2 根枝条是备用枝条，是在牵引到支柱上的枝条长势不好的时候作为替代使用的，所以也要对其新长出的枝条进行修剪，只留下 2 个左右的芽苞即可。新梢长至棚架上面时，将其沿棚架一点一点地牵引，塑造出主枝的骨架。这是第 1 主枝。生长良好的树木会在棚架下大约 30 厘米处发出新枝，可将其作为第 2 主枝的候选枝牵引至支柱和棚架。

掐芽、摘心、牵引

夏季，从主干的基部会长出粗壮的新枝。如果留下这些枝条，枝干就会变成像章鱼脚一样乱七八糟，冬季修剪会非常辛苦，所以要尽早从基部将新芽修剪掉，避免发生混乱的情况。牵引到棚架上的枝条的顶端会像牵牛花一样一圈一圈地缠绕在棚架上。这时，要把缠绕的枝条解下来，把柔软的顶端部分用指甲摘除，这就是摘心作业。通过摘心，可以避免枝条疯长，使之长得更为壮实。牵引就是把枝条用绳子系在棚架上。请参考附图，把第 1 主枝、第 2 主枝固定在棚架上，以便让它们不断向前生长。另外，这个枝条还会向上长出很多的侧芽，可以把这些枝条略微扭转一下，用绳子轻轻固定在棚架上。雄株则要固定在棚架的末端，为避免其长得过大，夏季时要对其枝条进行数次修剪。

冬季的修剪位置

▌……为修剪位置

剪掉

第 1 主枝

剪掉

修剪

要在 1 月份完成

冬季也要进行修剪作业。修剪的时间宜选在树液完全停止流动的 1 月份比较合适。先试着修剪一下树枝，如果切口处没有树液（水）流出就可以进行修剪了。在比较温暖的地方，如果在进入 2 月份后修剪，切口处就会有树液流出，所以，要在这个时间之前完成修剪。先把卷曲的细枝修剪掉。然后参考上图修剪多余的枝条，要让树枝均匀地分布在棚面上。对于修剪后仍然太长的枝条，需要再次修剪，保留 30 厘米左右的长度即可。下一年度植株能够开出好花，并且结出丰硕果实的枝条是直径约为 10~13 毫米、芽点饱满的枝条。这种枝条一定要注意保留。保留下来的枝条要用纸绳牢固地固定在棚架上。修剪掉的枝条要及时处理，不要堆积在棚架下面。

9 要结果了！授粉、浇水

修剪过的枝条在 3 月下旬开始发芽，4 月下旬就会长出新枝（新梢）和绿叶。如果是饱满的好枝条，这个时候应该可以在新枝的基部发现花蕾了。如果雄株、雌株都有花蕾，那么，今年就可以挑战一下让猕猴桃结果了！首先，要进行雌株的疏蕾作业。在花蕾变大后，保留中间的大花蕾，将两侧的小花蕾去除。最初的一年，倘若勉强让果树结出很多果实，果树就会变得羸弱，所以要限制一下果实的数量。临近夏天的时候，要特别注意及时浇水。

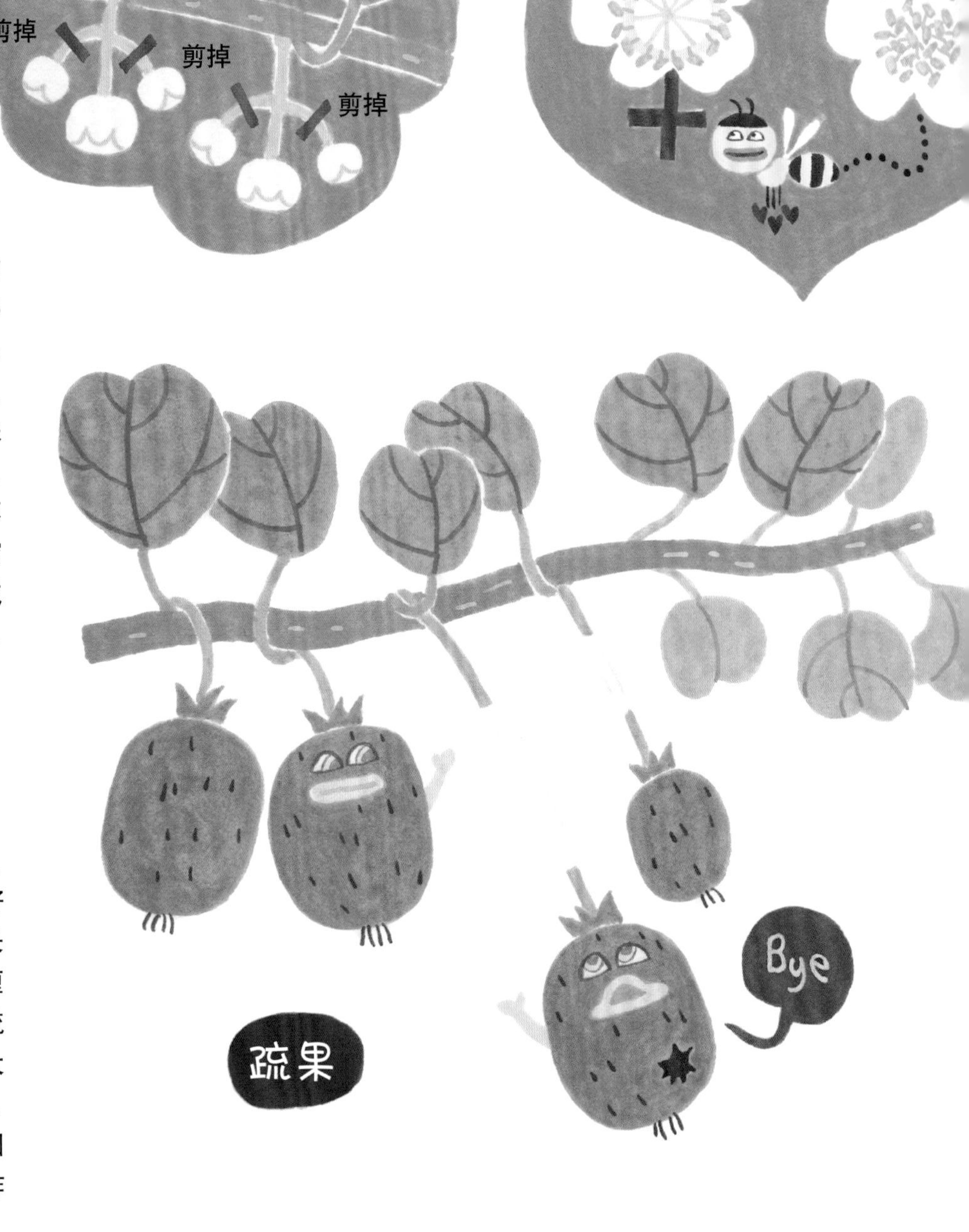

授粉作业不能等

关于花期，黄心猕猴桃是在 5 月长假前后，绿心的香绿、海沃德等品种则在 5 月下旬左右开花。至于授粉用的雄性品种，马图阿和陶木里等在 5 月中下旬、孙悟空等在 5 月中上旬开花。如果雌株选择海沃德或香绿、雄株选择马图阿，由于两个品种在出蕾后开花的时间差不多，不仅可以人工授粉，还可以借助蜜蜂等昆虫的帮助完成授粉。雄花较少或开花时间不一致，则需要进行人工授粉，具体方法可参考卷末详解。

疏果作业宜尽早

授粉结束后，当 6 月上旬花朵凋谢时，猕猴桃宝宝就会露出小脸了。授粉良好的果实会在 1 个月左右的时间内迅速长大。这时，我们可以按每 6 片宽 15 厘米左右叶片对一枚果实的标准进行疏果，这样就可以培育出 100 克以上的大果子了。果实过密的话，不仅会偏小，甜味也会不足。另外，果树也有可能因此变得羸弱，所以一定要注意。疏果作业要在 6 月份之内完成。

夏季的浇水工作是最重要的

夏季千万不能忘记浇水哦。但是，如果一下子浇太多的水，根部又容易腐烂。这可怎么办呢？这里的重点是要根据干燥的情况多次、少量浇水。就像给婴儿喂奶一样，每天浇水要少量、多次、缓浇。特别是采用盆栽的情况，更要注意。每次浇水的量以盆底略微溢出一点为宜，最好使用自动浇水器，每天浇两次水。如果忘记浇水，叶片周围会瞬间枯萎成茶色，一定要多加注意。

夏季修剪

土壤配得比较好，猕猴桃的枝条就会长得很长。另外，夏季会长出很多新枝。如果任由这些枝条生长，那么，棚架上就会像热带丛林一样拥挤不堪。为此，夏季要对拥挤的枝条进行间除，或者从中间进行修剪。这就是夏季修剪。基本上就是把较长的枝条修剪掉就可以了。另外，为了避免雄株的枝条徒长，在夏季修剪时可将其修剪至 1 米高左右。要是放任不管，雄株就会占领整个棚架。7~9 月间，一旦发现雄株枝条过长时，就要反复进行修剪。

10 现在可以收获啦！

到了秋季就可以收获了。猕猴桃的收获季节可以根据果肉的颜色进行大致划分。Rainbow red 等红心猕猴桃在 9 月下旬至 10 月上旬收获，魁蜜（苹果猕猴桃）等黄心猕猴桃在 10 月中下旬收获，海沃德等绿心猕猴桃在 11 月中上旬收获。如果收获太晚，果实就会掉落或受到霜冻，所以适时采摘非常重要。农户一般是通过计算糖度来确定收获时间的。

收获的标准

即使到了收获期，树上的猕猴桃果实也不会变软。此外，果皮的颜色也不会像橘子一样发生变化，所以很难判断收获时间。为此，农户一般使用折射糖度计来计算果实的糖度。当绿心猕猴桃的糖度达到 6%~7%、黄心猕猴桃的糖度达到 8%~10% 时，就达到收获标准了。如果没有糖度计，就以时间为标准。收获时间因品种而异。详情请参考卷末详解。

收获的方法

采摘猕猴桃的方法非常简单，只要轻轻握住猕猴桃果实，用大拇指按压果梗，果梗就与果实分离了。如果用力拉拽，果梗就会留在果实上，容易刺伤其他果实，所以一定要小心。另外，徒手采摘有可能被果实表面的毛刺伤，反过来，指甲也很容易伤到果实，所以最好佩戴薄款的园艺用手套进行采摘。如果下雨，早上湿度较高，果实有时是湿的。在果实表皮潮湿的状态下采摘、储存，杂菌和霉菌就比较容易繁殖，从而导致果实很快腐烂或软化。所以，在果实表皮潮湿时不要勉强采摘，待表面干燥后再采摘。

收获后的处理和保存

猕猴桃果实在收获后也不能立即食用，不催熟是不好吃的。催熟方法请参考第26~27页的内容。另外，如果一次性采摘的果实比较多，可以装在塑料袋里冷藏于冰箱中。塑料袋可以保持湿度，防止果皮萎缩。已经变软的果实会产生乙烯，让其他质地较硬的果实无法长久保存，所以不要放在冰箱里。

施基肥

采摘结束后要给果树施肥。如果用豆饼做肥料，则每平方米藤架平均使用 1 千克左右即可。如果将肥料集中施于根部会导致肥料浓度过高，损伤根部，所以要施于整个植株范围。

11 第 2 年以后的修剪和病虫害防治

猕猴桃的枝条长得很快。稍不留神枝条就会像丛林植物一样互相纠缠在一起。枝条乱得不成样子的话，就不知道该如何修剪了。仍然保持着野生属性的猕猴桃，在一定程度上是能够耐受修剪的。所以可以参考第 19 页的内容，在夏季对过长的枝条进行修剪，保留 2 米左右长度即可。对于仍然不断生长的枝条，可以在 9 月份再次修剪掉新长的部分。但是，如果从基部修剪掉过多的强壮枝条，整棵果树的长势会变弱，所以一定要注意。另外，猕猴桃是不容易感染病虫害的植物，几乎不生病，但仍然会受到若干种病虫害的侵扰，所以，在种植时需要时刻注意其健康状况。

第 2 年以后的修剪

从第 2 年起，要先搞清楚哪种枝条会结果、哪种枝条比较饱满，然后确定要保留下来的枝条，以及需要从枝条基部修剪掉的枝条，再进行修剪。应当保留的枝条有两种。一种是去年结过果、准备再使用一年的枝条（结果枝）。这种情况下，已经结果的圪节在下一年度不会抽出新枝，所以，应当从该圪节向前保留 3~5 个芽点，并将其余的修剪掉。然后就是今年没有结果但比较强壮的新枝，这种枝条在第 2 年会结果。这种枝条有时会长得过粗，所以，保持差不多相当于圆珠笔粗细的枝条就可以了。保留的长度大约为 5~10 个芽点的长度。毛少、芽点饱满的枝条就是比较强壮的枝条。相反，那些虽然粗壮但是毛比较多，以及芽点较小、瘦弱的枝条则要尽量从枝条基部剪掉。

套袋防病

果实开始鼓起来的时候，如果给其套上可以防水的纸袋，果实就不容易生病了。纸袋选用园艺店中销售的白色纸袋即可。

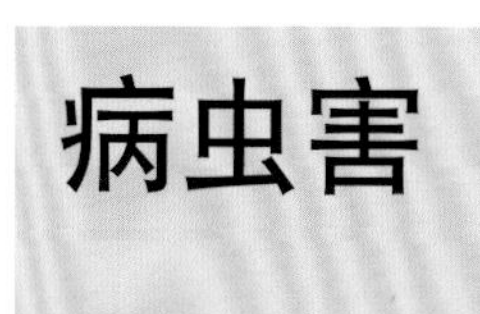

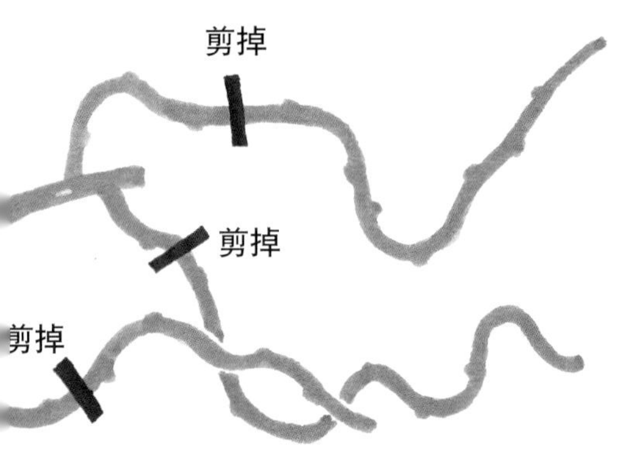

病虫害

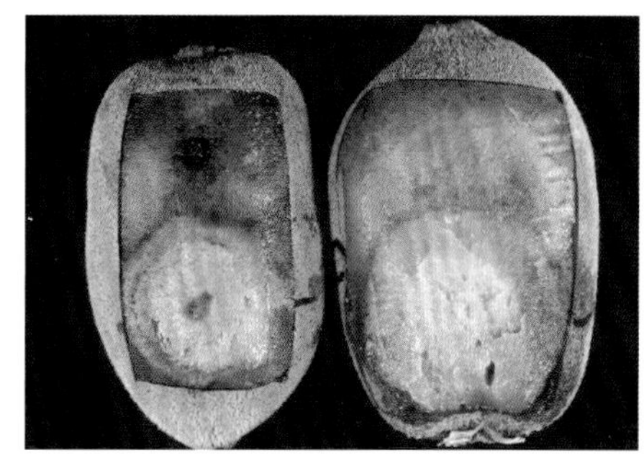

果实软腐病

秋季果实噼里啪啦地掉落下来，或是催熟中的果实腐烂，这种疾病就是果实软腐病。一般在梅雨季节或秋雨时节比较容易感染。最好在授粉结束后1个月左右，也就是6月下旬前后的梅雨季节，给果实套上专用的防水袋。

细菌性花腐病

果树开花前，如果持续降雨或者通风不好，很容易感染此病。得病后花蕾或花会变黑，或者腐烂掉落，即使授了粉的果实也会变得畸形。

猕猴桃小绿叶蝉

寄生于叶片上的小虫子，成虫和幼虫均附于叶片内侧吸食养分。叶片会变成白色刮擦状，虫子的排泄物也会使叶片或果实变黑、变脏，但是果树生长不会有太大问题。

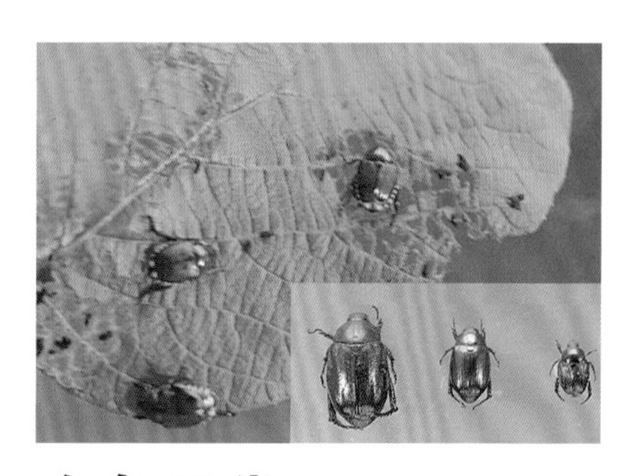

金龟子类

如果使用较多的堆肥，就比较容易发生这种虫害。成虫会啃食叶子，所以，一经发现就要将其打落并捕杀。图片中是会啃食叶子的金龟子。右下的图中从左往右分别是：铜绿丽金龟、红铜丽金龟、日本丽金龟。

介壳虫

介壳虫会附着在树枝和果实上。即使是附着在果实上，由于吃的时候要剥掉外皮，倒也没什么问题。如果寄生虫数量太多，爬满了枝条，让枝条看上去都变白了，可以用牙刷将其刷掉。

12 没有田地，用盆盆罐罐也可以搭建灯笼造型的盆栽

如果没有田地或棚架，也可以在阳台上给猕猴桃藤蔓搭建和牵牛花一样的盆栽花架。这里，我们选择容易开花的香绿来挑战盆栽。只要有一个容积 20 升左右的盆子就可以种植猕猴桃了。塑料桶、咸菜缸、海鲜箱等都可以，重要的是，要在盆的底部和侧面开几个孔洞，确保多余的水分可以彻底排出去。如果排水不畅，根部就会很快腐烂。当然，也不能忘记浇水。

种植于**盆罐**中

土壤可使用市售的蔬菜、花木用土，再混入 1~2 成的鹿沼土或沙子配制出排水良好的猕猴桃专用土。在盆底铺一些小石子或砂石排水会更好。这种排水性良好的土壤准备好后就可以开始种植了。苗木种植的方法同第 14 页的说明，注意不要种得过深。翻土和去除嫁接膜的方法与此相同。

用自动浇水器浇水

种好之后，整个 4 月份，在土壤干燥的时候，只需每周浇 2 次水即可。但是，从 5 月份起，光照越来越强，叶子越长越多，浇水就要频繁一点了。我们平时也不可能一直在果树旁边守望，所以，可以使用市售的自动浇水器和迷你喷壶组合设置自动浇水装置，这样会非常方便。浇水量无需太多，在枝叶生长旺盛的夏季每日早晚均要浇水。

制作成灯笼形盆栽

香绿品种比较容易开花，我们可以制作一个灯笼造型的盆栽让它结果。牵引材料可使用市售的牵牛和菊花所使用的灯笼造型的支柱。苗木上新生的枝条需要掐芽，只留下 2 根左右的枝条，要尽可能让枝条绕大圈缠绕在架子上。如果缠绕在铁丝等支架上，修剪时会很不方便，所以，要尽可能沿外围大圈进行牵引。冬季修剪时，仅需保留一根枝条，保留的长度为整根枝条长度的一半左右，其余全部修剪掉。到了春天，保留下来的枝条上应该会发出新枝并开花。

13 太不可思议了！催熟以后怎么这么好吃！

刚采摘的果实真想马上就开吃。但是，刚采摘的猕猴桃中淀粉含量较高，硬梆梆、干巴巴的，而且很酸。将这种猕猴桃用植物激素乙烯进行处理后，就可以让其变得美味可口了。这一过程叫做催熟。猕猴桃经过催熟，淀粉分解为糖分，甜度增加，香甜美味，颜色也更加鲜艳。

一半靠栽培，一半靠催熟

根据催熟的完成情况，果实可能会出现未熟、恰当、过熟等几种情况，很大程度上会左右果实的口感。因此，经常有这样一种说法，那就是猕猴桃的口感一半靠栽培，一半靠催熟。辛辛苦苦种出了糖度较高的猕猴桃，如果催熟失败、错过了最佳品尝期，一年的辛苦就打了水漂。用做饭来打个比方就是，无论准备了多么高级的食材（栽培），如果烹饪（催熟）失败，也无法充分发挥食材的优点、无法做出好吃的饭菜（口感）。可见，催熟是多么重要。

那么，我们来试着**催熟**吧

我们可以使用苹果来催熟猕猴桃。为什么要使用苹果呢？这是因为苹果会产生乙烯气体。可以选择产生乙烯气体较多的苹果品种。另外，如果没有苹果，也可以把猕猴桃的畸形果故意弄破，使其产生乙烯气体，用来催熟。在塑料袋中放入猕猴桃和苹果，存放在温暖的房间（温度15~20摄氏度）中。这时，如何保持温度是催熟的关键。如果催熟的房间温度不够高，要用空调或毛毯来保持温度。催熟到最佳食用状态所需要的时间，绿心猕猴桃为10~14天，黄心猕猴桃为5~7天。不过，受品种、种植环境等因素影响，也有可能会需要更多一些时间。

最甜的部位是哪里？

催熟完成后，如果学校有糖度计，可以用它检测一下果实的甜度。对苹果、草莓、桃子等很多水果来说，与果梗部分（与树枝衔接的一侧）相比，果实顶部（与果梗相对的一侧）要更甜一点。西瓜和甜瓜等水果则是果实中心部分比外侧（靠近果皮的部分）要甜。那么，猕猴桃的情况如何呢？如果是绿心猕猴桃（海沃德），果实可以分为果梗侧和顶端侧（有雌蕊痕迹的一侧），多数情况下，顶端侧的糖度要高一些，果梗侧的糖度要低一些。但是，黄心猕猴桃则因品种不同存在一些差异，各个部位的甜度并没有太大区别。将果实横切，可以看到有外侧（绿色果肉部分）和白色的内芯部分，多数情况下白芯部位的糖度更高。

14 用藤蔓制作手工艺品。动手试试吧！有趣的实验

猕猴桃是一种有趣的植物。我们不仅把它当作一种食物，还可以尝试用它来做一些实验和手工艺品。前面我们曾经介绍过猕猴桃中含有一种名为猕猴桃碱的蛋白酶（第 9 页），品种不同的猕猴桃，其蛋白酶的含量也是不同的。那么，我们就来调查一下不同品种猕猴桃的蛋白酶含量吧。另外，我们还可以尝试用它的藤蔓制作手工艺品。最后，再看看猕猴桃是否会像木天蓼一样能够让猫咪沉醉，这也很有趣呢。

实验 1

蛋白酶强度调查

海沃德和园艺 16 A（Zespri GOLD）品种的猕猴桃各准备 1~2 个。将其剥去外皮后把果肉切成小块，分别放在不同的杯子中，然后加入酸奶。加入酸奶后立即品尝一下，你会发现，无论哪一杯都是普通的猕猴桃酸奶的味道。接下来，我们可以在混合 1 小时、2 小时、3 小时后再分别试吃，了解一下味道发生了什么样的变化。结果可以参见卷末的详解。

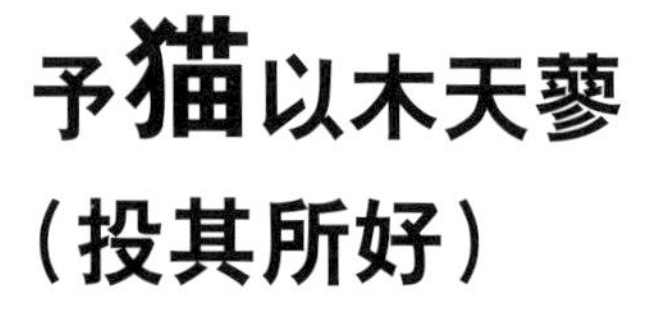

予猫以木天蓼（投其所好）

木天蓼和猕猴桃是同属。有一句谚语说“予猫以木天蓼”（投其所好）。这是因为猫咪会对木天蓼中的成分产生反应，变得非常愉悦，犹如大醉一般，所以人们用这句话形容给人以其非常喜欢的东西。那么我们就来调查一下，猫咪对于木天蓼树枝和猕猴桃树枝的不同反应吧。木天蓼是生长在山里的，比较难以采集。不过，木天蓼的树枝作为一种猫咪玩具，在宠物商店是有销售的，直接购买就可以。猕猴桃的树枝可以使用修剪下来的树枝。

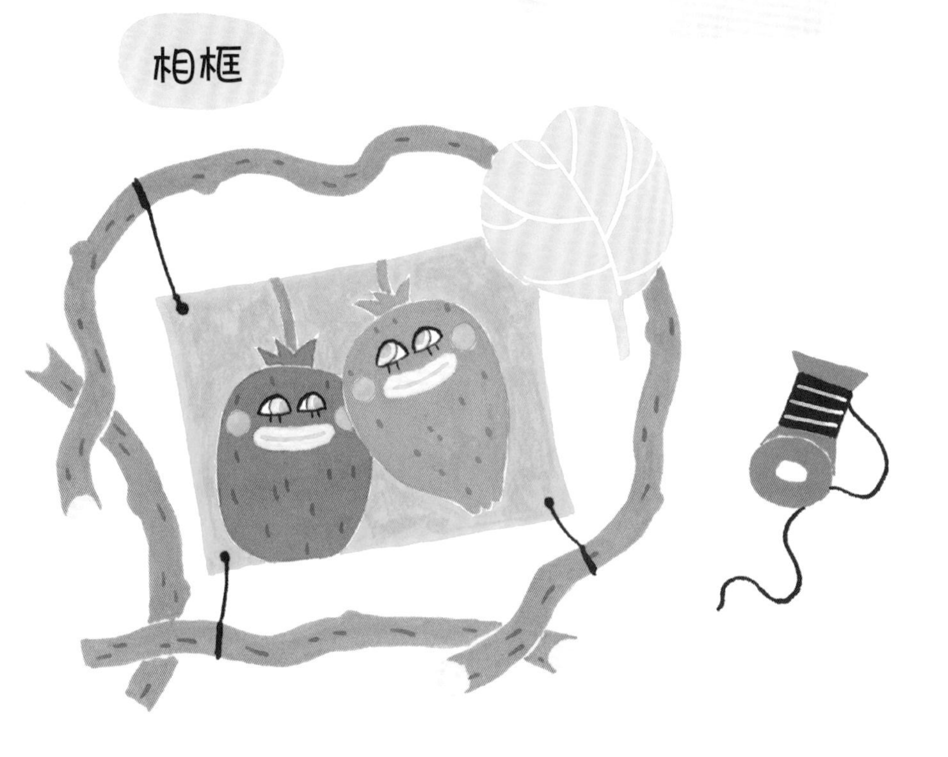

用**藤蔓**尝试制作手工艺品吧

猕猴桃的枝条和常春藤的枝条很相似。在进行冬季修剪时，我们要尽可能保留长长的枝条不要剪断，然后用这些枝条制作手工艺品。使用细一点的枝条可以制作非常时髦的圣诞花环，略粗一点的可以编出非常结实的小筐子。春天的时候，我们可以在棚架上向上竖起两根像角一样的细管子，并从管子顶端向棚架上拉一根绳子。把枝条盘在绳子上，枝条就会自己绕着绳子一圈一圈地生长了。冬天的时候把卷曲的枝条剪下来，去掉绳子，喷上喜欢的油漆，就可以作为非常时髦的插花材料使用了。

15 用猕猴桃开开心心地制作甜点和料理吧！

我们吃猕猴桃的时候，一般是把它对半切开，用勺子挖着吃，或者剥去外皮，切成片食用。猕猴桃的中间有白色的芯，其周围是呈放射状分布的绿色果肉和黑色的种子，形成了一种对比美。有的时候我们也可以改变一下方向，从侧面切，或者斜着切，这样切口处也会呈现出多种多样的花纹。或者，也可以尝试像水煮蛋那样切成锯齿状，也非常有趣。另外，猕猴桃中含有较多的果胶，适合用来制作果酱和沙司。大家一定要挑战一下呀！

制作**果酱**吧！

材料：

猕猴桃 2~3 个；细砂糖，猕猴桃重量的三分之一到一半；柠檬汁根据个人喜好少量放入。

制作方法：

①把猕猴桃清洗干净后去皮，去除蒂部较硬的部分。
②将果肉切碎放入搪瓷锅中，同时放入一半的细砂糖，开火。
③充分搅拌，同时注意不要烧焦。沸腾后将火关小，并仔细撇去锅中的浮沫。
④用中火加热 5 分钟左右。
⑤将剩下的细砂糖和柠檬汁放进锅内，充分搅拌。
⑥最后再加热 2~3 分钟即可。
⑦将果酱放入清洗干净的瓶子或密闭容器中并放入冰箱保存。要尽快食用。
★绿心猕猴桃过度加热颜色会变成茶色。因此，最好把果肉切大一点，短时间烹煮到还剩下一点果肉即可。黄心猕猴桃的色素比较耐热，即使加热时间长一些也不会改变颜色，所以可充分烹煮，制作出晶莹剔透的美丽黄色果酱。

我们一起制作 调味汁吧！

制作调味汁时，先将碾碎的果肉和适量细砂糖搅拌均匀，然后略煮一下就关火。这样做颜色变化不会太大。制成的调味汁不能长期存放，但是，这种呈美丽的茶绿色的调味汁非常适合作为冰淇淋或酸奶的浇汁。

详解猕猴桃

猕猴桃是这样一种水果

猕猴桃是一种进入20世纪后才开始人工培育的水果。作为一种仅用50年时间就成为主流的水果，这一发展历程也被称为“猕猴桃奇迹”。

随着各种研究的推进，近年来，人们发现猕猴桃不仅富含维生素C、维生素E和果胶，还含有其他有利于人体的营养成分，因此，猕猴桃作为一种非常重要的水果备受关注。日本驹泽女子大学的西山一朗老师曾指出：“迷你猕猴桃中富含叶黄素，这一成分可以有效预防老年人的白内障和黄斑变性等疾病”。猕猴桃虽然是一种新的水果，但是作为一种有益于人类的非常重要的水果，今后应会得到更为广泛的种植。

瞬间风靡全球的原因

猕猴桃种植的快速普及有很多原因，一个首要原因就是海沃德这一品种的开发。该品种的特点是果实大、耐储存。如果冷藏可以储存半年之久。

世界上首个将猕猴桃进行商品化种植的国家是新西兰，这个位于南半球的国家人口较少，因而，即使生产了很多的猕猴桃也吃不完。但是，因为海沃德比较耐储存，所以可以利用运费较低的海运方式将猕猴桃出口到季节相反、人口又多的北半球国家。新西兰收获的果实可以有计划地出口长达半年，这个优势还是很大的。另一方面，在南半球没有猕猴桃出产的时间段，北半球国家自己生产的猕猴桃正好成熟上市。这就是超市里一年到头都有猕猴桃出售的原因。在猕猴桃成为一种广为人知的水果的同时，南半球和北半球的国家也形成了完善的猕猴桃接力出货体制，正因为如此，猕猴桃的种植才在全世界瞬间普及开来。

日本的猕猴桃生产

日本是在上世纪70~80年代开始种植猕猴桃的。日本当时正值柑橘生产过剩、农户苦不堪言的时期。这时，日本恰好从新西兰进口了一批猕猴桃，非常畅销，了解到这一情况的日本柑橘种植户看到了转机，于是开始种植猕猴桃。刚开始的时候，因为不太了解种植方法，也曾失败过，但是因为猕猴桃是原产于中国的水果，所以非常适应日本的气候，种植还是顺利扩展开来，原本种植柑橘的农户纷纷开始种植猕猴桃，经济情况也大为好转。日本的猕猴桃多产于爱媛、福冈、和歌山、静冈等柑橘产地。但是，这并不是说不能种植柑橘的地方就不能种植猕猴桃。猕猴桃是落叶树，比较能够耐受冬季的寒冷。虽然日本东北地区的北部、北海道等海拔较高的地区相对难以种植，但只要冬季最低气温不低于零下10摄氏度的地区都是可以的。不过，由于猕猴桃比较容易遭受霜冻，4月份还有晚霜的地区一定要特别注意。

另一方面，超市一年到头都有猕猴桃销售。大致从5月份开始到12月份，卖的是新西兰、智利等南半球国家出产的猕猴桃，12月份至4月份卖的是国产猕猴桃。近年来，新西兰开发的金色猕猴桃（品种名称为园艺16A）也和绿心的海沃德一样，夏季进口，而冬季则销售国产货。这是一个进口产品和国产品实现共赢的好例子，两者不是竞争关系，而是共同携手让市场变得更加繁荣。

关于猕猴桃的品种

绿心猕猴桃和黄心猕猴桃不仅果肉颜色不同，在染色体数量、多倍性、花期、收获期、存储性、毛状体（果实表面长的毛）的密度等方面也存在差异。尤其是花期不同，就无法授粉，不能结果，所以绿心猕猴桃要选择马图阿或陶木里，黄心猕猴桃要选择孙悟空等品种作为授粉树，这一点非常重要。但是，红心猕猴桃“Rainbow red”开花比孙悟空要早，花期不同，所以要不就种植“早雄”等极早生的雄株，要不就把现有雄株的花粉冷冻储存，以备来年授粉时使用。

美味猕猴桃品种群和中华猕猴桃品种群主要性状上的差异

	性状	美味猕猴桃品种群	中华猕猴桃品种群
生理特性	染色体数量 多倍性	174 6	58或116 2或4
栽培特性	花期 成熟期 催熟的难易度 存储性	晚 晚 难 中~长期	早 早 易 短~中期
果实特性	果肉颜色 毛状体的密度 毛状体的长度 毛状体的硬度 酸度	绿色 密 长 硬 高	黄色、红色 粗 短 软 低

今后的品种开发，将会从海沃德等美味猕猴桃品种群向园艺16A等中华猕猴桃品种群转移。也就是说，消费者的偏好正在从绿心猕猴桃向黄心猕猴桃转移。这是因为中华猕猴桃品种群的糖度高、酸度低且蛋白酶（也就是猕猴桃碱）的含量较少，口感好、味道清甜，基本上没有那种刺激性的涩味。另外，从目前的趋势来看，同样是中华猕猴桃品种群，人们的喜好正在从黄心向红心转移。现在绿、黄、红三种颜色果肉的猕猴桃并存，就好像交通信号灯一样。不过世界上其实还有果皮是紫色的猕猴桃品种，以及果实表面长着白色毛状体的品种。不断开展各种改良的话或许还能开发出更为独特的品种。

栽培要点

种植猕猴桃的最大难关就是梅雨，以及夏季的高温和干燥。猕猴桃叶片的蒸发量比较大，而且，在天气干燥的时候，其叶片抑制蒸发的能力也比较弱。另外，其根部所需氧气较多，如果浸水，根部就会很快腐烂。梅雨季节的连续阴雨天气很容易导致根部腐烂。出梅后，到了夏季30摄氏度以上的高温干燥天气，又会因为蒸发量大、根部脆弱而无法吸水，导致猕猴桃很容易黄叶（接触到直射太阳光的叶片部分变黄、干枯）、枯萎，即使是专业的种植户也很容易遇到这些情况。

为了避免出现黄叶，首先要使用排水性良好的土壤种植。一下雨就积水的土壤是不行的。要使用排水性良好、雨一停就能够进入猕猴桃田的土壤才行。对于黏土质的土壤，要在其中混入花岗土和砂石，提高其排水性，这一点非常重要。

还有一点就是要在夏季给叶子遮光。可以购买遮光率为50%的遮阳网，将整个棚架盖住。如果土壤排水能力较差，大雨之后猕猴桃的根部就会变弱，即使浇水，植株在下午的时候也容易打蔫。这是因为，土壤中虽然有水分，但是根部无法吸收，所以减少叶片的蒸发量非常重要。等到9月下旬，温度降低、人体开始感觉凉爽时，就可以把遮阳网去掉了。9月下旬到10月份，要让叶片充分接受光照、进行光合作用也是非常重要的。

日本产猕猴桃的“父亲”是?

猕猴桃有雄株和雌株，要结果的话，就要让雌株的雌花沾上

西南温暖地带各品种猕猴桃特性

雌雄	品种名称	花期	收获期	大小（克）	糖度	果肉颜色	猕猴桃碱含量	特点
雌	海沃德	5月中下旬	11月上中旬	110～130	13～15	绿	中	个大、耐储存
	布鲁诺（Bruno）	5月中下旬	11月上中旬	100～120	14～16	绿	中	果形细长
	香绿	5月中下旬	11月上中旬	100～120	15～17	绿	多	甜度高、多汁
	赞绿	5月上中旬	11月上中旬	100～120	15～17	绿	中	酸甜适中
	香粹	5月上旬	10月下旬～11月上旬	110～130	18～20	绿	无	甜度高、多汁
	Sanuki Gold	5月上中旬	10月上中旬	150～200	15～17	黄	多	酸甜适中
	园艺16 A	4月下旬～5月上旬	10月下旬～11月上旬	100～120	15～17	黄	无	甜度高、多汁
	Rainbow red	4月下旬～5月上旬	10月下旬～11月上旬	60～80	18～20	黄（红）	无	酸甜适中
	庐山香（Gold King）	5月上中旬	10月中下旬	130～150	14～15	黄	中	甜度高、多汁
	魁蜜（Apple Kiwi）	5月上中旬	10月中下旬	130～150	15～17	黄	多	酸甜适中
雄	马图阿（Matua）	5月中下旬	—	—	—	—	—	绿心猕猴桃授粉树
	陶木里（Tomuri）	5月中下旬	—	—	—	—	—	绿心猕猴桃授粉树
	孙悟空	5月上中旬	—	—	—	—	—	黄心猕猴桃授粉树
	早雄	4月下旬～5月上旬	—	—	—	—	—	Rainbow red用授粉树

* 猕猴桃碱的含量是以海沃德这一品种的含量作为中间值计算出来的相对含量（引自猕猴桃研究室主页）

雄株雄花的花粉，否则是不会结果的。在农户的猕猴桃田里，为了多结果，会种植很多的雌株，但因为需要花粉，同时也会种植少量的雄株。

在新西兰，一般是每种6棵雌株种1棵雄株，蜜蜂会帮忙授粉。这样一来，就会有六分之一的田地被不能结果的雄株占据。新西兰的农户田地面积较大，对于这种浪费不太在意，但是，日本的种植户的田地面积比较小，种植这么多的雄株就比较浪费了。因此，一般只在田地角落种植少量雄株，并取雄花粉进行人工授粉。不过，最近也有很多种植户从新西兰进口交配用花粉进行人工授粉。所以说，即使是日本当地产的猕猴桃，其“父亲”（花粉）也很有可能是“奇异果丈夫”（Kiwi husband）呢。

关于结果习性

请看一下第22页下面的图。夏季结果的枝条叫结果枝。结果枝的意思就是能结出果实的枝条。这种枝条在越冬之后名称就变了，称结果母枝（母枝意指可以发出新枝的枝条）。这种枝条上的芽点会在春天发芽并长出新枝。新枝的底部会长出花蕾，花蕾在4月份会长大，5月份左右开花，然后结出果实。新枝的每个圪节都会长出叶子。这种叶子的叶根处长有芽点。夏季过后，这些芽点中会孕育出明年的枝条和花朵。冬季到来、天气变冷后，叶片会凋落。叶梗（叶柄）掉落之后，该处就会凹陷下去，其旁边有芽点，会在次年春天发芽。但是，枝条基部如果结过果，该处是没有芽点的。

关于修剪

开过花的圪节上没有芽点（生长点），也就是说这一节在来年不会发出新枝，在进行修剪时，不能从这里修剪。如22页上面的图片所示，要从结果的那一圪节向前留下3~5节有芽点的枝条，其余修剪掉，这一点非常重要。不过，经过数年的连续修剪，枝条和结果的部分会不断前移，这样就会跑出棚架的范围了。因此，经过数年之后，我们需要从枝条的基部进行修剪。这个时候用到的就是徒长枝。

之前没有长出枝条的老枝，圪节上突然发出的新枝被称为徒长枝。这种枝条的基部是不开花的，所以夏天会长得很快，有时甚至会长到数米长。所以到了夏季，为避免其长得过长，需要进行数次修剪。但是，这种枝条好好加以利用的话，可以让棚架上的植株保持紧凑的树形，像一只蜈蚣一样。所以，如果长出徒长枝，最好不要将其修剪掉，而是要有效地加以利用。

关于疾病，关于套袋

猕猴桃虽是一种保留着野生属性的水果，但也有几种让人头疼的疾病。一个就是果实软腐病。催熟中的果实出现凹陷，剥了皮会发现里面已经腐烂，这种病就是果实软腐病。多数情况下是在梅雨季或秋雨连绵不断时感染。果实套袋可以有效预防这种疾病。在授粉结束后1个月左右，果实会长大很多。因此，在6月下旬左右我们就可以给果实套上袋子了。袋子可以使用园艺店等地销售的白色套袋。如果可能，最好购买可以防水的套袋。袋子的挂钩要牢牢地固定在果柄上，一直套到收获时为止。

花朵在开花前变成褐色、已经开放的花朵中的花药变成茶褐色，这种情况可能是感染了细菌性花腐病。此病在4月至5月初雨水较多、湿度较高时多发。通风不好的地方一定要多加注意。这种疾病不太容易借助农药防治，所以，在4月份多雨的季节到来时，我们可以在4月底用刀子剥去5毫米左右的树皮（这称为“环剥”），然后再用保鲜膜包起来进行保护。需要注意的是，不要剥得太宽，差不多剥掉1个月内树皮就能重新连接起来的宽度就可以了。剥皮能够减少感染的原理目前还不太清楚。但是从经验上看，许多农户这么做了之后确实可以防止这种病害的发生。

关于授粉

现在，我们来介绍一下人工辅助授粉的方法吧。首先是准备授粉用的工具（掏耳棉棒、包药纸、装海苔或茶叶的那种带干燥剂的密封容器）。

授粉作业的流程包括采集雄花→采集花药→干燥→储存→用部分花粉进行授粉→冷冻次年春天用的花粉。将还未开放的气球状的雄花摘下，摘去花瓣，用镊子将中间的花药（黄色的花粉囊）采集到包药纸上。将花药放在没有风的干燥房间中晾干。约1天以后，用手轻轻地触摸一下花药，如果有粉末感就可以从花药中取出花粉了。将干燥后的花药直接包起来，密封保存在放有干燥剂的密封容器中，置于室内。雌花开放后，将包药纸取出，用掏耳棉棒的毛球部分沾取花粉沾在雌花的白色柱头上。雌花的可授粉时间只有开放后3~4日。只要不下雨，在花朵开放后一定不要忘记授粉。

一棵树上，早开的花和迟开的花在开放时间上大约有1周的差距。所以，可以在花朵开放2~3成的时候授粉一次、3日后开放6~7成时授粉一次、再过3日，所有花开放时再授粉一次，共计授粉3次。只要花不是太多，可以在开花枝（花梗）的基部用记号笔涂上颜色作为授过粉的标志，以避免对同一朵花反复授粉造成浪费。授粉结束后，再用包药纸将剩下的花粉包起来，密封存放在有干燥剂的密封容器中，进行冷冻保存。如果在足够干燥的情况下，在家用冰箱中可以储存1年。通过对花粉进行冷冻保存，即使花期不同也可以创造出各种各样的品种。

判断收获时间的方法

各个品种的大致收获期可以看一下第33页的表格。从果实的生理方面说，猕猴桃的最佳收获期是在作为光合作用产物的淀粉蓄积完成并开始分解为糖类的时候。这时可以使用折射糖度计对果实的糖度进行检测。在海沃德等绿色系品种中，当糖度开始上升前、也就是达到6%~7%时，而魁蜜（苹果猕猴桃）和Rainbow red等黄色、红色系品种的糖度，要达到比绿色系略高，即8%~10%时，就可以收获了。

如果不想在冰箱中保存则推荐进行树上完熟栽培。当收获期晚于标准的时间和糖度时，树上的猕猴桃表皮就会开始出现褶皱。出现褶皱就是果实在树上成熟、甜味迅猛提升的标志。褶皱和霜冻会导致猕猴桃果皮受损、外观变丑，但是口感却是绝佳的。

催熟机制及最佳品尝期

猕猴桃是一种需要催熟的水果。但其与香蕉、洋梨等同样需要催熟的水果不同，不会随着果实的成熟果皮会由绿色变为黄色。因此，要分辨最佳品尝期有点困难。猕猴桃会把光合作用的产物作为淀粉蓄积在果实中。所以，刚收获的猕猴桃果肉中淀粉含量较多，果肉发白。这种未成熟的果实用乙烯处理后就会软化，淀粉也会糖化，酸味减少，香味生成，这时果实就完全成熟了。这就是猕猴桃的催熟机制。

温度越高，植物激素乙烯的效用也越高，在20~30摄氏度的环境下，催熟果实的效率是最高的。但是，当温度达到20摄氏度以上时，猕猴桃果实软腐病的发病率也会提高，所以需要在20摄氏度以下催熟。另外，如果温度低于10摄氏度，催熟就会不充分，果实会始终硬邦邦的。所以，要想让乙烯有效发挥作用，将猕猴桃果实催熟到最佳品尝状态，需要将催熟温度设定在15~20摄氏度，这一点非常重要。另外，绿心猕猴桃和黄心猕猴桃对于催熟所用的乙烯敏感度是不同的，所以，即使在温度相同的情况下，要想达到最佳食用状态，所需要的时间也是不一样的。

猕猴桃的功能性成分

猕猴桃是一种非常理想的水果，所含的维生素C、维生素E，以及膳食纤维等都要多于其他水果。可是，它也是可能引发食物过敏的水果之一。所以，对猕猴桃过敏的人是不能食用猕猴桃的。另外，除了可能引起过敏，有的人吃了猕猴桃还会口腔肿胀或咽喉刺痛、发痒。这可能是猕猴桃中所含的草酸钙结晶引起的。

关于蛋白酶

关于第28页的实验，大家会发现，海沃德等品种因为含蛋白酶较多，与酸奶混合时间一长，会把酸奶中的蛋白质分解掉，从而使味道发生变化（产生苦味）。另一方面，佳沛阳光金果中这种蛋白酶的含量比较少，所以味道几乎没有变化。

顺便说一下，这种酶在50~60摄氏度活性最强，70摄氏度以上则会丧失活性。因此，如果将切碎的果肉用微波炉或锅加热让酶失去活性，即使放入海沃德也不会使味道发生变化。此次使用的佳沛阳光金果恰巧是蛋白酶含量比较少的品种，但其实黄心猕猴桃中也是既有蛋白酶含量较多的品种，也有含量较少的品种。因此，将猕猴桃和牛奶、酸奶用搅拌机打碎后制成的奶昔饮品放置一段时间，有可能会发苦，这个一定要注意。在制作明胶果冻时，最好使用不含猕猴桃碱的品种。

后记

猕猴桃是水果中的新面孔。日本开始销售猕猴桃是在上世纪 70~80 年代。它那翠绿色的美丽果肉，与蛋糕、沙拉以及餐后甜点非常搭配，因而逐渐成为日本随时随地可以见到的水果。目前，将日本国产与进口数量合并计算，共有 9 万吨以上的猕猴桃在市场上流通。

猕猴桃树仍然保留着很多野生特性。它虽然需要搭棚架，却是为数不多的几乎无需农药的水果。作为一种易种植且结果较早的水果，猕猴桃是植物观察材料的不二之选，可以用来观察植物的开花、授粉、果实生长、催熟等全过程。仰望猕猴桃棚，观察小小的猕猴桃宝宝一天天长大，仅仅是这一点就足以让人感到非常兴奋了。

猕猴桃虽然是一种新兴果树，但最近的研究成果也逐渐证明猕猴桃是一种含有较多有益于人体成分的优秀水果。另外，猕猴桃不仅可以生食，还可以用于料理、点心等各种食品的制作，应用范围非常广，这也是它的一大特点。

我的一个朋友在院子中种植了香绿品种的猕猴桃，小孩则取名为小香、小绿。孩子们呼朋唤友举办圣诞晚会的时候，餐桌上摆放的就是用自产猕猴桃制作的沙拉、蛋糕和甜点。大家一起进行修剪、施肥、授粉、套袋等作业，这已成为朋友全家人的一大乐事。

通过对一棵猕猴桃树进行管理，可以让全家人生活得更开心，这就是家庭种植果树的乐趣所在。大家把猕猴桃树当成了家庭的一员，给它起了名字、挂了名牌。一家人聚在一起共同享受精心培育的新奇、收获果实的兴奋、食用果实的快乐、将果实加工成果酱的乐趣，家庭的和谐气氛也会因此变得更加浓厚。

我们希望通过这本书以及猕猴桃的种植，培养孩子们观察自然的能力，让他们充分领略到培育植物的乐趣。

末泽克彦　福田哲生

图书在版编目（CIP）数据

画说猕猴桃/（日）末泽克彦，（日）福田哲生编文；（日）星野IKUMI绘画；同文世纪组译；王莹莹译.——北京：中国农业出版社，2022.1
（我的小小农场）
ISBN 978-7-109-27870-7

Ⅰ.①画… Ⅱ.①末…②福…③星…④同…⑤王… Ⅲ.①猕猴桃－少儿读物 Ⅳ.①S663.4-49

中国版本图书馆CIP数据核字（2021）第022739号

末泽克彦

1956年出生。1980年毕业于香川大学农学部。1981年进入香川县政府，在香川县农业试验场府中分场工作，从事落叶果树的研究。1994年起担任农业改良专业技术员（果树）、1996年起在高松农业改良普及中心从事果树的栽培指导和接班人培养工作。2006年起担任香川县农业试验场府中分场主任研究员，从事落叶果树的研究至今。著有《农业技术大系果树编5 猕猴桃》（合著 农文协）、《最新果树园艺手册》（合著 朝仓书店）、《最新果树修剪》（合著 农文协）、《果树的嫁接、插条、压条》（合著 农文协）、《猕猴桃水果作业指南》（合著 农文协）等。

福田哲生

1972年出生。1994年毕业于冈山大学农学部。1995年进入香川县政府，任职于香川县绫歌农业改良普及中心，从事果树栽培指导工作。1999年起任职于香川县农业试验场府中分场，其后以猕猴桃水果为研究方向，从事落叶果树的研究至今。著有《农业技术大系果树编5 猕猴桃》（合著 农文协）、《猕猴桃水果作业指南》（合著 农文协）。

星野 IKUMI

1969年出生于奈良县。居住于东京都。毕业于嵯峨美术短期大学。在设计师事务所和插图事务所担任助理，后成为自由职业者。主要从事书籍、杂志、报纸、绘本的插图绘制。为日本儿童出版美术家联盟会员、纽约插画师协会（N.Y. Society of Illustrators）的会员。

■取材協力
キウイフルーツカントリ-Japan 平野正俊（静岡県掛川市）
段 正倫（香川県高松市）

■写真提供
P23 コガネムシ類：高橋浅夫（元静岡県農林技術研究所果樹研究センター）

■写真撮影
P10~P11 品種：小倉隆人（写真家）

■参考文献
キウイフルーツ研究室ホームページ
http://www1.ttv.ne.jp/~kiwi/index.html
ゼスプリホームページ
http://www.zespri-jp.com/index.html
『キウイフルーツの作業便利帳』（末澤克彦・福田哲生著 農文協）
『大判 図解最新果樹のせん定』（農文協編 農文協）

我的小小农场 ● 20
画说猕猴桃
编　　文：【日】末泽克彦　福田哲生
绘　　画：【日】星野IKUMI
编辑制作：【日】栗山淳编辑室

Sodatete Asobo Dai 17-shu 83 kiwifruit no Ehon

合同登记号：图字 01-2021-3829 号

责任编辑：刘彦博
责任校对：吴丽婷
翻　　译：同文世纪组译　王莹莹译
设计制作：张　磊
出　　版：中国农业出版社
（北京市朝阳区麦子店街18号楼　邮政编码：100125　美少分社电话：010-59194987）
发　　行：中国农业出版社
印　　刷：北京华联印刷有限公司
开　　本：889mm×1194mm　1/16
印　　张：2.75
字　　数：100千字
版　　次：2022年1月第1版　2022年1月北京第1次印刷
定　　价：39.80元